"十三五"国家重点图书出版规划项目

画说三农书系

画说乡村农产品烘干设施与使用技术

中国农业科学院组织编写

李笑光　谢奇珍　刘　清　师建芳　编著

中国农业科学技术出版社

图书在版编目（CIP）数据

画说乡村农产品烘干设施与使用技术 / 李笑光等编著 . — 北京：中国农业科学技术出版社，2019.11

ISBN 978-7-5116-4484-8

Ⅰ.①画 … Ⅱ.①李 … Ⅲ.①粮食干燥机－图解 ②果蔬加工－干燥设备－图解 Ⅳ.① TS210.3-64

中国版本图书馆 CIP 数据核字（2019）第 246341 号

责任编辑　褚　怡　崔改泵
责任校对　马广洋

出 版 者	中国农业科学技术出版社 北京市中关村南大街 12 号　邮编：100081
电　　话	（010）82109194（编辑室）　　（010）82109702（发行部） （010）82109709（读者服务部）
传　　真	（010）82106650
网　　址	http://www.castp.cn
经 销 者	各地新华书店
印 刷 者	北京地大天成文化发展有限公司
开　　本	880mm×1 230mm 1/32
印　　张	2.75
字　　数	75 千字
版　　次	2019 年 11 月第 1 版　2020 年 10 月第 3 次印刷
定　　价	28.00 元

━━◄◖◖◖ 版权所有·侵权必究 ◗◗◗►━━

编委会

《画说『三农』书系》

主　任　张合成

副主任　李金祥　王汉中　贾广东

委　员　贾敬敦　杨雄年　王守聪　范　军

高士军　任天志　贡锡锋　王述民

冯东昕　杨永坤　刘春明　孙日飞

秦玉昌　王加启　戴小枫　袁龙江

周清波　孙　坦　汪飞杰　王东阳

程式华　陈万权　曹永生　殷　宏

陈巧敏　骆建忠　张应禄　李志平

序言

《画说『三农』书系》

　　农业、农村和农民问题，是关系国计民生的根本性问题。农业强不强、农村美不美、农民富不富，决定着亿万农民的获得感和幸福感，决定着我国全面小康社会的成色和社会主义现代化的质量。必须立足国情、农情，切实增强责任感、使命感和紧迫感，竭尽全力，以更大的决心、更明确的目标、更有力的举措推动农业全面升级、农村全面进步、农民全面发展，谱写乡村振兴的新篇章。

　　中国农业科学院是国家综合性农业科研机构，担负着全国农业重大基础与应用基础研究、应用研究和高新技术研究的任务，致力于解决我国农业及农村经济发展中战略性、全局性、关键性、基础性重大科技问题。根据习总书记"三个面向""两个一流""一个整体跃升"的指示精神，中国农业科学院面向世界农业科技前沿、面向国家重大需求、面向现代农业建设主战场，组织实施"科技创新工程"，加快建设世界一流学科和一流科研院所，勇攀高峰，率先跨越；牵头组建国家农业科技创新联盟，联合各级农业科研院所、高校、企业和农业生产组织，共同推动我国农业科技整体跃升，为乡村振兴提供强大的科技支撑。

组织编写《画说"三农"书系》，是中国农业科学院在新时代加快普及现代农业科技知识，帮助农民职业化发展的重要举措。我们在全国范围遴选优秀专家，组织编写农民朋友用得上、喜欢看的系列图书，图文并茂展示先进、实用的农业科技知识，希望能为农民朋友提升技能、发展产业、振兴乡村作出贡献。

中国农业科学院党组书记 张合成

2018 年 10 月 1 日

前言

《画说乡村农产品烘干设施与使用技术》

随着我国农业的快速发展，近年来农产品加工业也得到了很大的发展，特别是"互联网+"又为我国农产品加工业提供了新的助力。近几年，党和政府又提出了"一二三产融合"和乡村振兴战略，农产品加工业作为桥接一产和三产的重要纽带，也必将成为"一二三产融合"和乡村振兴的一大支柱产业。

在农产品加工中，对于适合于烘干的物料，通过烘干脱水加工来实现长期贮藏和运销的目的，是一种最简单、最方便，也是投资最少的一种加工方法。例如，购买或建造一台（套）烘干设备就可以进行生产经营，获得较大利润。

当然，除了通过烘干来实现长期贮藏农产品外，还有许多是为了加工风味食品，像东北的干豆角丝、葡萄干、果干等，还有像香菇通过烘干可以充分保留其香气等。再就是通过烘干加工，给其他深加工提供加工原料，促进一二三产融合，使农产品增值和农民增收。

目前，已经有许多农产品加工户和小型加工厂通过"互联网+农产品+快递"打造了自己的品牌和经营模式。例如，一些小的精制茶叶加工户、小的菊花加工户和一些小的果蔬干制品加工户，都已经通过互联网销售和快递寄送的经营方式形成了自己的品牌。也有的通过加盟一些大的电商公司来实现经营自己的产品。通过"互联网+"，不仅实现了自主经营的梦想，而且减少了经营的环节，提高了农产品加工户的收入，也降低了消费者购买优质农产品的支出。这种模式非常适合于果蔬产地烘干加工业的发展。此外，随着乡村旅游、农业观光产业的发展，加工便于携带的小包装特色干制农产品，也为游客增添了新的消费乐趣。

编著者

2019 年 6 月

Contents 目 录

第一章

果蔬烘干加工的重要意义

一、我国是世界果蔬生产大国

我国是世界上水果和蔬菜等农产品生产量最大的国家，以 2017 年为例，有关资料显示，我国水果总产量超过 2.5 亿吨，蔬菜总产量超过 8 亿吨。因此，对部分果蔬等农产品进行烘干，不仅可减少产后损失，而且已成为加工、增值的一种重要手段。

与发达国家相比，我国农产品烘干加工的比例还比较低。

我国农产品可烘干加工的种类很多，从水果到各种蔬菜，如食用菌、红枣、葡萄干和干果等种类，若包括中药材、烤烟等，其种类就更加繁多。

目前，我国果蔬等农产品烘干加工的单位多数为小微企业和乡村加工小作坊，并且还有大量的土烘房在使用。但可以看到的是，这个产业已经起步，而且发展很快。并随着技术的进步和政府的支持，必将更好、更快地发展。特别是原农业部

农产品加工局成立以来，加强了管理，加大了投入，使果蔬烘干加工业迎来了发展的大好机会。因此，果蔬等农产品烘干加工产业的发展空间和增值潜力巨大。

二、果蔬烘干加工的重要意义

在农产品加工中，对于适合于烘干的物料，通过烘干脱水加工来实现长期贮藏的方法，是一种最简单、最方便，也是投资最少的

方法。例如，购买或建造一台（或几台）烘干设备就可以进行生产经营和获得加工增值的利润。

当然，除了通过烘干来实现长期贮藏和销售果蔬干制品外，还有许多是为了加工风味食品，如东北的干豆角丝、葡萄干、果干等，还有像香菇通过烘干加热可以充分保留其香气等，再就是通过烘干加工，给其他深加工企业提供加工的原料，通过烘干加工业的发展可实现一二三产融合，进一步促进农产品增值和农民增收。

三、目前存在的一些主要问题

由于烘干加工能够起到减少产后损失和提高农产品附加值的重要作用，近些年来全国各地农村都开始大量使用烘干方式来加工果蔬等农产品。特别是国家实施农产品产地初加工补助项目以来，已经通过技术支持，推广使用了大量的比较先进的烘干设施，并连续多年进行技术培训，使全国果蔬烘干加工的水平得到了很大的提升。

一些经济相对落后的地区和偏远地区，特别是山区，目前还有许多农户在采用原始的自晾晒或采用比较落后的自制简易土烘房来烘干加工果蔬等农产品。自然晾晒不仅生产效率低、质量差，而且易受天气影响，在连续阴天或雨天常常造成巨大损失。而简易自制土烘房，由于烘干、排湿不均匀，且存在烘干温度不稳定、难以控制等问题，造成物料烘干不均匀甚至烘煳的情况常有发生，而且不同批次的水分、色泽、营养成分等质量难以保持一致。简易自制土烘房加工质量不易保证，综合费用高，难以获得较大的加工效益。为此，国家将继续实施农产品产地初加工补助项目，并通过强化管理指导和技术培训，引导使用先进的烘干设施和装备以及科学的操作技术，来进一步提升我国果蔬等农产品烘干加工的质量和水平。

第二章

果蔬烘干基本原理与烘干设施的构成

一、果蔬烘干的基本原理

烘干一般是指通过加热的方式去除物料的水分，以达到长期储存的目的。而干燥则是泛指通过机械的方式去除物料的水分，包括加热和不加热的方式，如采用真空冷冻方式对物料进行干燥等。由于加热烘干具有简单实用、投资小、效益高，是目前最常用的方式之一。而真空冷冻等虽然干燥效果好，但由于投资大、生产成本较高，只适用于经济价值较高的物料。

使果蔬干制品保留其原有的营养成分和口感风味。

果蔬等农产品烘干的目的

降低果蔬的水分、增加可溶性物质的浓度，不给微生物繁衍提供可乘之机，使产品不易腐烂、变质。

抑制果蔬中所含酶的活性，使制品能够长期保存。

目的：延长贮藏期，改善加工品质，便于商品流通，调节果蔬生产淡旺季，解决部分果蔬周年供应问题，同时作为救急救灾和战备用的重要物资。

1.果蔬中的水分

● 果蔬的含水量都很高，一般为70％~90％，主要由大部分游离水和极少部分结合水构成。

● 果蔬烘干的目的就是去除果蔬中的大部分游离水和部分结合水。

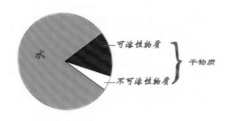

果蔬成分构成图例

2.果蔬烘干的基本原理

要想发展果蔬烘干项目和使用好烘干设施，就必须要对果蔬等农产品烘干的技术有一定了解。从理论上讲，果蔬等农产品烘干由于涉及诸多学科，是一件非常复杂的事情。然而，我们都知道，任何科学技术都是根据自然现象和自然规律总结、提炼而来的。下面就先从一些与生活有关的自然现象和规律入手，以便于容易了解果蔬等农产品烘干加工的基本原理和一些影响烘干的主要因素。

下图是一种常用的多用途烘干房，了解该烘干设施的构成，及其各个组成部分的用途，对后面的介绍就会更加容易理解。

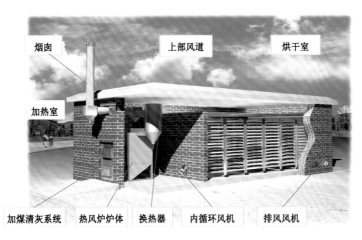

烟囱　　上部风道　　烘干室

加热室

加煤清灰系统　热风炉炉体　换热器　内循环风机　排风风机

常见的果蔬热风循环式多用途烘干房结构构成

上面这种烘干设施是目前我国农产品产地加工中最常见的一类干燥设施，俗称"烘房"，通常为一独立房子，一侧为热风加热室，另一侧为烘干房。物料放置在盛料车上的多层相隔的盛料盘中，推入烘干房进行烘干（由于物料在烘干时属静止状态，故俗称静止式烘干）。

通过加热室加热炉加热的热空气由通风机输送到烘干房的顶部再向下回转，通过盛料车上的物料层并释放热量对物料进行烘干，降温后的空气又被通风机从烘干房的下部吸入加热室再次加热，然后再次被输送到烘干房内，如此循环直至烘干结束。

与此同时，在烘干过程中物料水分不断排出到流动的空气当中，当热风湿度较大并达到一定值后，则通过设置在烘干房两侧的排湿门将湿气排出，同时开启补气门补充新鲜空气。

热风温度的控制和烘干房的排湿及补充空气的操作，目前已实现自动化控制，当然，若采用燃煤加热炉来加热，则燃煤加热炉的操作仍然需要人工进行。

由于这类烘房采用盛料盘盛载物料，属静止式烘干方式，故可以适合多种物料烘干，但干燥温度不宜太高。烘房房体也可用带保温层的金属材料制作，也可用砖混结构砌建，具有投资少、成本低、操作简单、维修方便、经济效益好等特点。由于单机体型不大，又可用于多种农产品烘干，故特别适合于产地农户和专业合作社使用。缺点是这类车载托盘式烘干方式装卸物料耗费的人工比较多，劳动强度较大。

那么为什么烘干设施是由这些部件构成的呢？下面以晾晒衣物为例来予以说明。

我们知道，当我们在院子里晾晒洗过的衣服时，我们就会发现以下一些现象：

● 在室外晾衣服

晴天光照强，
空气温度高，
空气湿度低，
衣服干得快。

阴天光照差，
温度比较低，
空气湿度大，
衣服干得慢。

阴天或雨天，空
气湿度接近饱和，
衣服就很难干。

相同天气条件下：厚的衣服或大衣、被褥等干得就比较慢，最好翻过来再晒一下。

在屋外晾衣服，衣服没拧干、水分大，干得慢。

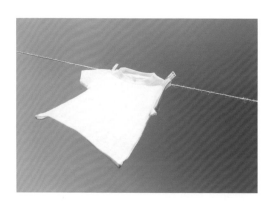

另外，晴天并有风时，衣服干得更快。

通过以上现象，就可以知道：① 靠自然晾晒受环境气候影响非常大，所以为了避免气候影响和提高效率，农产品的烘干就要采用烘干设施进行烘干加工；② 我们可以看出影响晾晒衣服的因素，同样也是影响农产品烘干的六大要素，即：烘干的温度、空气湿度、风速及物料的水分、物料的大小与装载厚度，还有就是烘干的时间长短。

那么，我们如果利用这些自然现象和自然规律采用加热和通风的方式来设计烘干的设施，进行果蔬等农产品的烘干，就会避免气候的影响和提高烘干的效率与品质。这也就是我们要在烘干机（烘干房）上设置热风炉来加热空气和降低空气的湿度并通过鼓风机输送热风来对果蔬等进行烘干的原理。同时，为了满足不同果蔬等农产品烘干的工艺和参数的要求，再配置一个控制器，来控制热风烘干的温度、湿度和烘干时间。

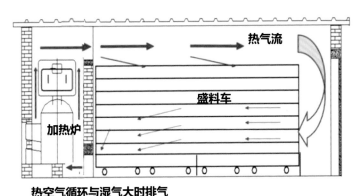

热风循环式多用途烘干房烘干原理示意图

3. 果蔬等物料烘干的水分蒸发过程

在果蔬等物料烘干过程中，当物料开始受热后表面水分开始蒸发，随着表面水分的蒸发和不断的加热，内部水分开始向物料外部转移，继而从表面蒸发，直至达到干燥的目的。在加热和水分蒸发过程中，物料外部温度大于内部温度，形成温度梯度；而物料则会出现内部水分大于外部水分，形成湿度梯度。随着烘干的不断进行，温度梯度和水分梯度都会逐渐降低。烘干结束后，经过冷却，内外部温度和水分将会逐渐达到平衡。

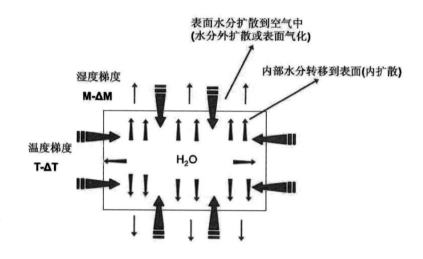

二、影响烘干过程的主要因素

1. 烘干介质（热风）温度

热风温度越高，烘干的速度越快。但也不能过高，过高会破坏果蔬的营养成分。

2. 烘干介质相对湿度

在一定温度下，热风相对湿度越低，烘干速度越快；反之，则越慢。当然，也不是相对湿度越低越好，太低并长时间烘干会对有些果蔬产品造成内外水分差太大，而造成变形过大影响其外观或品相。

3. 烘干介质流动速度

提高烘干介质（如热风）的流速，可以加快烘干的进程；但流速也不宜过高，过高会加大风机的功耗而增加烘干的成本。

4. 农产品特性

不同果蔬及不同品种，由于结构和成分不同，烘干速度也不相同。

5. 原料干制前预处理程度

可以切分的原料进行切分，如切块越薄、暴露越多即比表面积越大，则其烘干速度就越快。

6. 原料装载量与厚度

单位面积烘盘上原料装载量越多，厚度越大，烘干速度越慢，同时烘干均匀度也越差。反之，烘盘上原料过少，又会引起漏风即热空气短路，也会导致烘干热效率降低，增加烘干成本。

通过以上分析可知，任何有利的条件也都有一个极限，超越这个极限就可能会走向反面。

因此，烘干的温度、湿度、风速和装载厚度必须控制在一个合理的范围内。这就是所谓的烘干工艺与参数。而且不同的果蔬具有不同的耐热性和收缩比以及色泽变化等烘干特性，这也就形成了不同产品的烘干工艺与参数。

通常，我们所说的温度就是指一般温度计所指示的温度，也称为干球温度；还有一种温度表达的方式叫湿球温度，主要用于与干球温度进行比较，通过其温差来计算和控制烘干空气的相对湿度。选用烘干机时，通常干湿球温度测量和相对湿度控制都已经设计成一个包括传感器在内的测控系统，配置在烘干机上，只需按照烘干机使用说明书操作即可。

空气的湿度也有两种表达方法，即绝对湿度和相对湿度。而通常所说的空气湿度就是指相对湿度。一是相对湿度比较容易表达和感知（通常用 0~100% 来表示）；二是绝对湿度（指每单位质量空气中所含水分的质量）不容易直接表达和感知，需要用特殊的方法与仪器来测量，而且绝对湿度通常是用来进行烘干理论分析和设计计算用的。

另外，需要注意：不同的果蔬物料和使用不同的烘干设备，都要求有不同的烘干工艺参数。目前，有关技术部门和烘干设备专业厂家经过大量的试验，已经探索出了一些果蔬热风烘干的工艺参数和操作规程，读者也可在具体烘干作业时向有关技术部门或烘干设备制造厂家进行专业咨询。

三、果蔬等农产品烘干的技术类型

目前，我国在果蔬干制中应用最广泛的技术是热风烘干和真空冷冻干燥等。其中热风烘干占 90% 左右。

下面我们就简要介绍各种类型的果蔬烘干设施和设备。

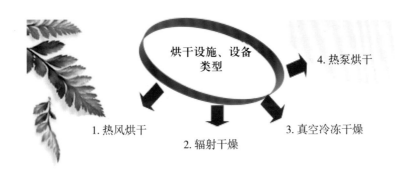

1. 现代热风循环多功能烘房（分批式烘干方式）

这是一类功效较高的热空气循环式分批烘干设施。该设施可以控制烘干热风的温度、湿度来满足果蔬烘干的要求，具有投资少、成本低、操作简单、维修方便、可实现变温烘干、适宜于多种物料烘干、经济效益较好等特点。由于采用燃煤热风炉加热，有一定的排放污染，但由于燃烧量较小，污染排放较轻。在城市郊区或要

求较高的地区，为防
止排放污染，也可以
采用电加热或热泵加
热的方式。

　　随着技术的进步，
目前已经研究出可正
反向通风的循环风机，
使得烘干更加均匀。

2. 隧道式烘干机

　　该烘干机为一狭长
形的隧道，铺放好原料
的烘车从隧道一端进入，
烘干后从另一端推出，
可形成间歇连续烘干。
适合于工厂化生产。

　　有逆流式、顺逆流
式两种。烘干处理量大、
烘干时间相对较短、烘

干后成品品质较好，适于多种形状物料的烘干。多采用燃煤热风炉
加热，有一定的排放污染。

3. 带式连续式烘干机

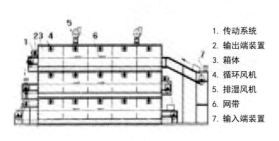

1. 传动系统
2. 输出端装置
3. 箱体
4. 循环风机
5. 排湿风机
6. 网带
7. 输入端装置

　　湿物料被置于一层
或多层连续运行的输送
网带上，用高温热风穿
透网带和物料来进行连
续烘干。优点是自动化
程度高、生产能力大。
不足是设备造价较高，
不适宜对易碎、不规

则和高易粘连的物料进行烘干。

若采用燃煤热风炉加热时，有一定的排放污染。

4. 红外辐射烘干设备

利用辐射传热烘干的一种设备，其最大特点是"匹配吸收"，即当红外辐射器发射的红外线的频率（或波长）与被烘干物料中分子运动的固有振动频率（或波长）相匹配时，引起物料内部分子的强烈共振，在物料内部

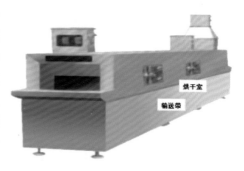

分子间激烈摩擦产生热量而达到蒸发水分的目的。

物料内部的水分梯度与温度梯度相一致，因此红外烘干具有烘干速度快、烘干品质好、可连续式烘干等特点。但用电量较大，烘干成本较高。

5. 微波烘干机

被加热物料中的水分子是极性分子，它在快速变化的高频电磁场作用下，其极性取向将随着外电场的变化而变化，造成分子的运

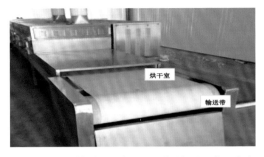

动和相互摩擦，将微波场的场能转化为物料内部的热能，使物料温度升高，产生热化和膨化一系列物化过程，而达到微波加热烘干的目的。微波加热具有加热速度快、节能高效、灭菌防霉、易于控制等特点并可连续烘干。但需防护微波泄漏，且有些物料不适合采用微波烘干。

6. 真空冷冻干燥机

利用升华原理，在真空状态下使预先冻结成冰晶的物料中的水分不经过冰的融化直接以固态升华为水蒸气后被除去，使物料得到干燥的方法，干燥质量高。目前国内使用的真空冷冻干燥设备主体多是卧式钢制圆筒，配有冷冻、抽气和控制测量等系统。由于密封要求较高，多为分批式干燥方式。

该种设备价格昂贵，通常主要用于经济附加值较高的物料干燥。

7. 太阳能烘干设备

配有空气集热器的太阳能烘干房。

优点：节能。

缺点：受气候影响。

在雨多和寒冷地区使用需要另外配置补充加热设备，投资较大。

类似温室加热的太阳能烘干室

8. 小型电加热果蔬烘干箱

适合于辣椒、食用菌等多种农产品干制，温湿度易于控制，烘干品质好。但由于用电加热，生产能力较小。生产能力要求大时，需要多台使用。

9. 热泵烘干机

热泵——顾名思义，实质上是一种热量提升装置，高温热泵烘干机组利用逆卡诺原理，从周围环境中吸取低品位热量，并把它传递给被加热的对象（如烘干房内的物料），其

工作原理与制冷机类似，都是按照卡诺循环工作的，所不同的是一个是制热、一个是制冷。因此，具有节能、运行可靠、易于自动控制、烘干品质好等特点。缺点是设备投资较高。

第三章

目前广泛使用的果蔬热风烘干设施

一、燃煤加热式热风循环烘房

1. 燃煤加热式热风循环烘房常用类型

属于通用型果蔬烘干设施，由加热室、供热系统（加热炉）、通风排湿系统、智能化控制系统、烘干室（包括物料承载车）等5大主要系统构成，其中烘干室与加热室为烘房主体，可采用砖混结构或保温彩钢板拼装结构。这种烘房配置小型加热炉，采用炉体和两个出烟囱或带翅片的回型烟道表面散热的方式加热空气。

操作方式除人工加煤外，烘干过程的温湿度为电气控制、批次作业。

（1）筒式换热型燃煤加热式热风循环烘房。

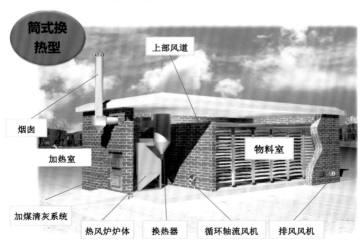

筒式换热型

上部风道

烟囱

加热室

物料室

加煤清灰系统

热风炉炉体　　换热器　　循环轴流风机　　排风风机

（2）翅片换热型燃煤加热式热风循环烘房。这种烘房与上述烘房结构基本相同，也配置小型加热炉，但不同的是采用炉体和带翅片的回型烟道表面散热的方式来加热空气。

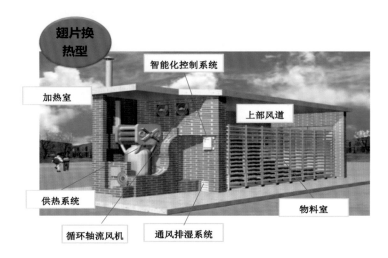

（3）钢结构型燃煤加热式热风循环烘房。

2. 热风循环烘房的特点

（1）热风循环烘干，热效率较高。

（2）燃煤加热简单、清灰方便。

（3）智能化控制程度较高。

（4）烘后产品品质较好，烘干水分比较均匀。

（5）适应性广。由于属于静止式物料摆放，故适合多种农副产品烘干，如枸杞子、大枣、辣椒、金银花、地黄、中药材、青菜及烟叶等。

3. 热风循环烘房常见规格

考虑到热风循环烘房烘干的均匀性，其尺寸不宜做得过大。以红枣装载量为例，常见的规格有 1 吨、2 吨和 3 吨三种。

对于生产规模比较大的烘干加工合作社或者需要扩大生产的加工户，可以选择大一些的烘干房，也可以采用多台并列使用。

4. 热风循环烘房主体的建设

（1）烘房主体的自建。这类热风循环烘房由于比较简单，其房体部分和盛料车部分也可以自建，再配以专业烘干设备厂家制造的热风炉、通风机、密封门、进排风门、烟囱和控制器等，也能获得比较好的效果。自建可以节约投资。下面以 1 吨 / 批的燃煤热风循环烘房为例来说明基本建设要求和验收的基本参考标准。

如采用自建烘干室主体，必须要由所购买配套热风炉等烘干设备生产厂家指导设计烘干房的主体结构，并结合当地气象水文地质资料等条件，委托有资质、有经验的建筑施工单位建造。烘干房的建造一方面要达到当地建筑标准要求，另一方面必须满足技术参数和验收标准要求。

1吨/批燃煤加热热风循环烘房主要技术参数（以红枣装载量计）：

序号	参数名称	要求
1	烘干室内部尺寸（长 × 宽 × 高）（m）	4.9 × 2.7 × 2.5，含高度约 0.6m 的风道

（续表）

序号	参数名称	要 求
2	总烘干面积（㎡）	≥ 100
	单层有效烘干面积（㎡）	约 8.5
3	装料量（t）	≥ 1（按鲜品计）
4	烘干温度（℃）	40~70
5	降水幅度	24h 内降水 15%~25%
6	热源	燃煤热风炉约为 210 000kJ/h，平均耗煤量约 8kg/h（标煤）
7	风机	风量 ≥ 12 000m³，耐温 ≥ 120℃

注：以上参数仅供参考。

（2）关键部件做法及验收要求。

① 主体。

● 砖砌土建形式。

● 烘干室内部：尺寸按厂家设计图建造、按指标验收，不小于 4.9m×2.7m×2.5m。在满足烘干室总烘干面积的情况下，可适当调整尺寸。烘干室长宽可根据场地进行适当调整，但必须保证烘干室内面积和高度。同时，注意烘房的宽度不宜过宽，以免烘干不够均匀。

● 加热室、烘干室密封与防水：屋面板需进行密封与防水处理，地面平整、四周无缝隙、密封性好，不得漏风、漏雨。

● 墙体：厚度 370mm，保温性能好，并联建设保温效果更好。若采用保温彩钢板拼装结构，保温彩钢板芯材聚氨酯（40kg/m³）厚度大于 50mm，阻燃 B2 级。

② 其他。应在相关专业烘干设备生产厂家或当地有关技术人员指导下建设，以保证质量及使用性能。

（3）尾气排放符合使用区域环保要求。选择由企业制造的燃煤加热式热风炉，应根据设施特点和当地环保要求尽可能采用具有尾气净化技术，使尾气排放指标符合使用区域环保要求。

● 建议尽可能采用无烟煤、脱硫煤等品质较高的煤，以减少污染排放。

● 燃煤热风烘房使用过程中注意燃煤炉的操作，适当增加进风量，适时加煤清灰，使燃煤能充分燃烧。

● 在一些对排放要求高的区域，应尽可能选择电加热或热泵烘干设施。

（4）配套设备的采购及验收要求。采用自建烘房时需要采购的设备包括：热风炉、保温门、料车、烘盘、风机、电控系统以及炉栅、炉门、灰门、鼓风机、均风板、调风门、烟囱等配件。

① 保温门。

● 验收标准：密封良好，表面平整，外形规整，不得漏风。

● 保温材料要求：芯材聚氨酯（40kg/m³）厚度大于50mm，阻燃B2级，密封性好，不得漏风。或使用同样保温效果的其他保温材料。

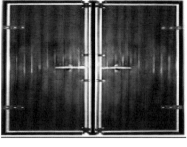

② 盛料车。

● 制作及验收要求：不宜喷漆。

● 验收标准：与烘干室尺寸匹配，平整、易推、焊缝牢固、焊点光滑（不扎手）。烘干室侧墙与料车间隙及料车间间隙应小于20mm。

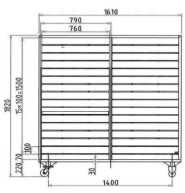

③ 料盘。

● 材料：以竹编盘或不锈钢为佳。

盛料车（单位：mm）

● 验收标准：料盘尺寸应与料车匹配，要求表面光滑，符合食品卫生标准；可根据市场采购情况调整料车与料盘尺寸。

④ 电气控制系统。

● 验收标准：具有自动控温、排湿功能。

● 为烘干设备制造企业生产的专业电气控制系统。

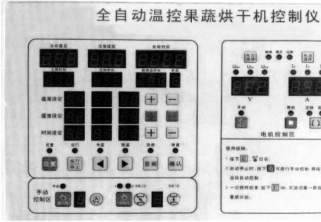

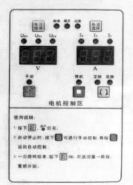

注：控制器的温湿度传感器应按照厂家指导要求安装在烘干室内的相关部位。

⑤ 热风炉输出热量。不小于 210 000kJ/h。

⑥ 风机风量。不小于 12 000m³/h。

⑦ 风机耐温。不低于 120℃。

风机

（5）1吨/批燃煤加热热风循环烘房工程验收参考指标。

序号	验收项目	验收要求
1	烘干室内部尺寸（长×宽×高）（m）	4.9×2.7×2.5，在满足烘干室单层烘干面积的情况下，可适当调整尺寸
2	热风炉输出热量（kJ/h）	210 000
3	风机	风量 ≥ 12 000m³/h，耐温 ≥ 120℃

（续表）

序号	验收项目	验收要求
4	墙体和保温门	采用砖混结构，墙体厚 ≥ 370mm；采用聚氨酯夹芯彩钢板（40kg/m³ ± 2kg/m³、厚度大于 50mm），助燃 B2 级
5	自控系统包括温湿度传感器	自动控制升温、降温、排湿等操作
6	料车、料盘	与烘干室匹配，表面光滑，符合食品标准

注：① 为保证烘干效果，除烘干室主体可以建造外，热风炉、主风机、保温门、料车、料盘和电气控制系统均应向专业厂家采购。

② 2 吨 / 批、3 吨 / 批烘干设施建造要求与 1 吨 / 批烘干设施相同，具体设计参数也可向烘干设备生产厂家咨询。

（6）热风循环烘房的选购。在经济条件允许情况下，要尽可能地采用全部购置的方式来选用果蔬烘干设施或设备。因为，购买的烘干设施或设备具有以下优点。

① 安装、使用方便，并且厂家会派安装调试人员来指导设施或设备的安装与使用。

② 设施或设备质量高，使用性能稳定，配套完善。

③ 有"三包"，售后服务有保障。

专业厂家制造的热风循环烘房

④厂家会派专家指导试生产，有利于保证设施或设备的使用效果和负责培训使用人员。

总之，为避免走弯路和保证烘干效果及质量，建议尽可能采用直接选购方式来建设烘干设施。

二、电加热式热风循环烘房

电加热式热风循环烘房也属分批式烘干方式，基本结构与燃煤烘房类同，是由电加热提供热源的热风循环烘干设施，由物料烘干室、加热室、电加热器、通风排湿设备和自控系统等组成，物料烘干室由四周墙体、顶面、底面和门构成，六面墙体采用彩钢夹芯保温板，物料烘干室墙体内采用聚氨酯保温材料，烘干室内置可移动料车和料盘。由于采用电加热，一般都为中小型设备。

1.烘干原理

装载物料的料车被推入物料烘干室内后，由轴流风机将经过电热器加热后的干净热风吹入物料室（烘干室）下方进入物料室，在穿过下部和上部物料层时进行热质交换，实现对物料的烘干；而后潮湿空气循环返回加热室再进行热交换，经加热后重复上述过程。并在烘干过程中根据空气的湿度情况控制进风和排风。

（1）设备优点。

①采用电加热，易于实现全自动控制。

②采用电加热，可实现无污染排放。

③烘干适应性广。

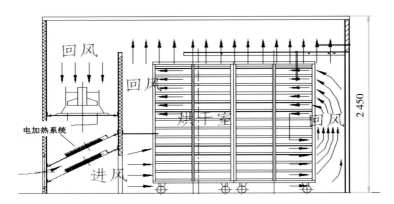

0.5吨/批电加热式热风烘房结构原理（单位：mm）

（2）设备缺点。

① 由于用电加热，设施或设备不宜做得过大。

② 对于电力供应有一定要求。

2．0.5吨／批电加热式热风循环烘房主要技术参数（以红枣装载量为例）

序号	参数名称	要求
1	烘干室内部尺寸（长 × 宽 × 高）（m）	2.5 × 2.9 × 2.4，含高度约0.5m的上风道
2	总烘干面积（m²）	≥ 50
	单层有效烘干面积（m²）	约4.5
3	装料量（t）	≥ 0.5（按每平方米鲜料10kg计）
	物料盘（mm）	可选640 × 460（约190盘）
4	热风温度（℃）	40~70 可调
5	降水幅度	24h 内降低水分25% 以上
6	总装机容量（kW）、热源及能耗	总机容量为14~18。其中，电加热器：约12~16（分组、根据不同物料降水特性配置），380V；风机等其他功率：约2.2kW；平均耗电量：8~18kW·h

（续表）

序号	参数名称	要求
7	风机	风量≥6 000m³/h，耐温≥100℃
8	典型物料	挂干红枣 500~600kg/ 批 约 16h ； 枸杞 300kg/ 批约 26h

注：以上参数仅供参考。

3. 0.5 吨 / 批电加热式热风烘房验收参考指标

序号	验收项目	验收要求
1	烘干室内部尺寸（长 × 宽 × 高）（m）	2.5 × 2.9 × 2.4，在满足烘干室总烘干面积的情况下，尺寸可适当调整
2	总烘干面积（m²）	≥ 50
3	总装机容量（kW）	14~18
4	风机	风量≥6 000 m³/h，耐温≥100℃
5	墙体和保温门	采用聚氨酯夹芯彩钢板 [(40±2)kg/m³，厚度大于 50mm 为宜]，阻燃 B2 级
6	自控系统	自动控制升温、控温、排湿等操作
7	移动式料车、料盘	与烘干室匹配，表面光滑，符合食品标准
8	空载升温及其他	空载升温至 70℃，烘房及电气类应有使用说明书、合格证等

注：为保证使用安全和烘干效果，电加热式烘房不可自行建造，只能到正规制造厂家购买。

三、热泵加热式热风循环烘房

1. 热泵加热烘干原理

热泵加热式热风烘房也属分批式烘干方式，即由热泵加热空气（温度不够时也可配置小功率电加热器进行辅助加热）的热风循环烘干设施，由物料烘干室、热泵系统、通风排湿门和自控系统组成。烘干房墙体采用夹芯彩钢板拼装结构，保温材料均为聚氨酯保温板，物料室内是移动料车和料盘。

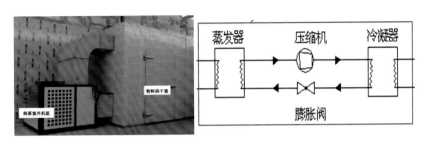

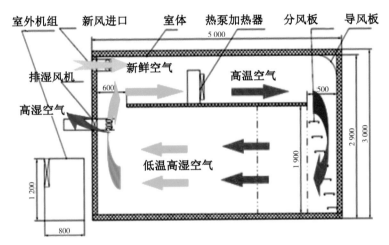

热泵加热式热风循环烘房结构原理图（单位：mm）

热泵系统由1套室外主机和1套室内冷凝器（加热器）构成，热泵主机置于烘干室外，冷凝器（加热器）置于烘干室内，对环境空气进行加热后将热风吹入烘干室对物料进行烘干，并实现无污染排放。

普通热泵系统中有一个蒸发器和一个冷凝器，制冷剂在室外蒸发器处吸收热量，吸收热量的过程中消耗电能同时得到热量，然后在冷凝器处释放热量。

（1）优点。

① 与电加热相比具有节能效果明显，烘干成本大大低于电加热式烘房。

② 可适用于大多数物料烘干。

③ 与电加热一样，无排放污染，可实现全自动控制。

④ 烘房主体部分也可在热泵烘干设备厂家指导下自建。

（2）缺点。烘房尺寸不宜做得过大，烘干温度受到一定限制。

2. 1吨/批热泵加热式热风烘房主要技术参数（以龙眼装载量为例）

序号	参数名称	要求
1	烘干室内部尺寸（长×宽×高）（m）	5.8×2.5×2.9，含高度约0.8m的上风道
2	总烘干面积（m²）	≥100
	单层有效烘干面积（m²）	约6.5（16~18层，根据物料特性调整）
	装料量（t）	≥1.0（按每平方米鲜料10kg计）
3	物料盘、料车（mm）	料盘可选850×580×23、约210盘；料车可选1 200×930×1 780，6台
4	热风温度（℃）	40~65可调
5	降水幅度	24h内降水12%~20%
6	总装机容量（kW）、热源及能耗（考虑到不同季节使用，为防止烘干温度达不到要求，可以在热风进入烘干室前增加一个电加器热进行辅助加热）	10.5kW 其中热泵机组6匹（约4.5kW，380V）；电加热器辅助：3kW；风机及其他功率：约3.3kW 耗电量；6~10kW·h
7	风机	风量≥6 000m³/h
8	典型物料	龙眼700~1 000kg/批约72h；霸王花500kg/批约18h；西洋菜250kg/批约14h

注：以上参数仅供参考。

3. 1吨／批热泵加热式热风烘房参考验收指标

序号	验收项目	验收要求
1	烘干室内部尺寸（长×宽×高）（m）	5.8×2.5×2.9，在满足烘干室总烘干面积的情况下，尺寸可适当调整
2	总烘干面积（m²）	≥ 100
3	总装机容量（kW）	≥ 10.5
4	风机	风量≥ 6 000 m³/h
5	墙体和保温门	采用聚氨酯夹芯彩钢板［（40±2）kg/m³、厚度 100mm]，阻燃 B2 级
6	控制系统	自动启停压缩机，自动控制升温、控温、排湿等操作
7	料车、料盘	与烘干室匹配，表面光滑，符合食品标准
8	空载升温	具有使用说明书、合格证，空载升温 65℃

注：为保证烘干效果，除烘干室主体可以在厂家指导下自建外，热泵系统、主风机、保温门、料车、料盘和电气控制系统必须向专业制造厂家采购。

四、带空气除湿功能的热泵循环加热烘房

带除湿功能的热泵热风循环烘房也属分批式烘干，由烘干室、热泵系统、通风排湿设备和自控系统等组成。为保证加热温度比较低时能正常使用，也可在热风进入烘房前增加一个辅助电加热器，用以提高烘干的温度。

烘干房墙体采用夹芯彩钢板拼装结构，物料室内是移动料车和料盘。

1. 带空气除湿功能的热泵加热式热风循环烘房原理与特点

由制冷压缩机及配套附件组成的热泵装置先从通过蒸发器的空气中吸取热量，使空气的温度迅速下降到露点以下，这时空气的水蒸气凝露析出（析出的水被排出机外），然后，热泵装置把空气中吸取的热量用来加热被脱了水的空气，使空气升温而相对湿度大幅度下降，成为载湿能力很强的烘干空气，烘干空气在风机的驱动下沿着风道流动，通过导风架时被分配为上下均匀的气流。

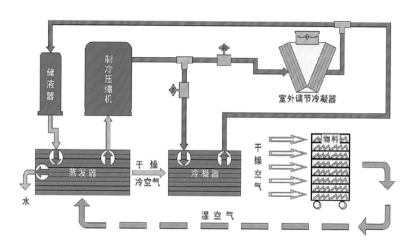

带空气除湿功能的热泵循环加热烘房工作原理示意图

气流通过待烘干的物料时和物料中的水分发生热能交换，物料中的水分吸收了空气中的热能，迅速从物料中逸出并被气流带走，物料因此得到烘干，而吸收了水

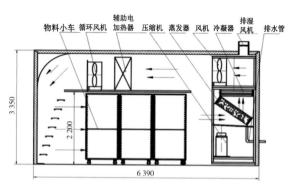

带空气除湿功能的热泵加热式热风循环烘房结构示意图

分的气流再重新进入热泵装置再次被脱水和加热，完成一个循环。

空气被不断地循环上述过程，物料被不停地烘干，直到符合加工要求为止。

2. 1吨／批带空气除湿功能的热泵循环加热烘房主要技术参数（以龙眼装载量为例）

序号	参数名称	要求
1	烘干室内部尺寸（长×宽×高）（m）	5.8×2.5×2.9，含高度约0.8m的上风道
2	总烘干面积（m²）	≥100
	单层有效烘干面积（m²）	约6.5（16~18层，根据物料特性调整）≥
	装料量（t）	1.0（按每平方米鲜料10kg计）
3	物料盘、料车（mm）	料盘可选850×580×23、约210盘；料车可选1 200×930×1 780，6台
4	热风温度（℃）	40~65可调
5	降水幅度	24h内降水15%~25%
6	总装机容量（kW）、热源及能耗	24kW 其中热泵机组12匹（约8.8kW，380V）辅助加热：12kW（按不同物料降水特性配置）；风机及其他功率：约3.3kW；耗电量：12~24kW·h
7	风机	风量≥12 000m³/h，耐温≥100℃
8	典型物料	龙眼：1 000kg/批 约60h；霸王花：700kg/批 约16h；西洋菜：450kg/批 约12h

注：以上参数仅供参考。

3. 1吨／批带空气除湿功能的热泵循环加热烘房主要参考验收指标

序号	验收项目	验收要求
1	烘干室内部尺寸（长×宽×高）（m）	5.8×2.5×2.9，在满足烘干室总烘干面积的情况下，尺寸可适当调整

（续表）

序号	验收项目	验收要求
2	总烘干面积（m²）	≥100
3	总装机容量（kW）	≥24
4	风机	风量≥12 000 m³/h
5	墙体和保温门	采用聚氨酯夹芯彩钢板 [（40±2）kg/m³、厚度100mm]，阻燃 B2 级
6	控制系统	自动启停压缩机，自动控制升温、控温、排湿等操作
7	料车、料盘	与烘干室匹配，表面光滑，符合食品标准
8	空载升温	具有使用说明书、合格证，空载升温 65℃

注：由于带空气除湿功能的热泵循环加热烘房比较复杂，为保证烘干效果，应向专业厂家成套购买。

4. 优缺点

（1）优点 。

①与普通热泵热风循环烘房一样具有明显节能效果，烘干成本大大低于电加热式烘房。

②可适用于大多数物料烘干。

③与普通热泵热风循环烘房一样，无排放污染，可实现自动控制。

④由于带有除湿功能，烘干空气湿度低，可用于烘干水分要求低的物料烘干。

（2）缺点。

①烘房尺寸不宜做得过大，烘干温度受到一定限制。

②由于带有除湿功能的热泵热风循环烘房结构比较复杂，为保证烘干使用效果，烘干主体不宜自建。

目前已有生产厂家专门制造这种烘干设施，如需要烘干对水分要求比较低的物料时，可到制造该类烘干设备的厂家直接选购。

五、多功能隧道式热风烘干机

1. 多功能隧道式烘干机的常见类型

多功能隧道式烘干机常用有两种结构，一种是顺逆流通风方式，另一种是逆流通风方式。两种通风方式各有优缺点。

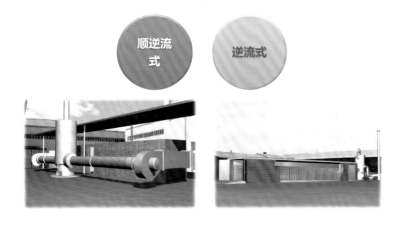

顺逆流式：其优点是从两侧同时向烘干室中部通风，烘干强度大，气流对吹烘干均匀性好。缺点是造价高，通风管路长热损失大，隧道不宜做得过长。

逆流式：优点是从隧道一端直接进风，无需设置通风管路，造价相对低廉。由于从隧道一端进风，隧道可以做得更长一些。缺点是气流只从隧道一端进入，烘干强度比两侧通风方式低，烘干均匀性也不如顺逆流式好。

另外，这两种烘干设备都采用恒温全排湿烘干工艺，生产规模都比较大，因此配备了中型套筒式内部换热式加热空气的热风炉，并配有除尘装置。

这两种烘干机的隧道主体部分均可自建，也可直接购买成套设备。

2. 5吨/批燃煤双侧进风隧道式烘干机

（1）5吨/批燃煤双侧进风隧道式烘干机原理及特点。

① 结构原理：隧道式烘干窑可以是一个由砖混结构加保温材料砌成（亦可由钢板加保温材料制成）、横截面为矩形的隧道，在隧道内可装入一定量的可移动盛料车。料车可分层放置待烘干的果蔬物料，并从隧道一端进入，烘干好的物料则从另一端的侧门拉出。热风从烘干隧道窑的两端进入，通过料车上的物料层后从隧道窑的中部排出。热风与果蔬物料在此过程中实现了热质交换从而实现物料的烘干。由于热风从两端进入，相对于只从一端进入的物料而言就形成了顺逆流通风方式。

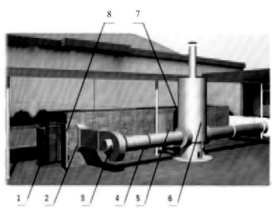

1. 料车
2. 多功能烘干室体
3. 风机
4. 热风管道
5. 排潮口
6. 热风炉
7. 进车保温门
8. 出车保温门
（另配有温控设备）

双侧进风多功能隧道式烘干机外形图　　双侧进风多功能隧道式烘干机剖面图

②特点：

● 顺逆流方式两端送风，中部排风，烘干强度大，烘干均匀性好。

● 处理量较大，可实现间歇式连续作业，采用恒温式烘干工艺，适合于大中型农村合作组织和小型加工厂进行果蔬干制加工。

● 结构简单可靠、操作方便、节能；烘干室主体可自建。

● 每一车物料都会通过相同的烘干条件，从而提高了产品烘干的质量和统一性。

③缺点：

● 由于这种设备一直处于恒温快速烘干和排湿状态，故不太适宜烘干易收缩、变形大的产品，如对外形要求高的出口香菇等。

● 两侧通风管路有散热损失。

● 考虑到两侧管道散热，机体长度不宜做得过长。

（2）5吨/批燃煤双侧进风隧道式烘干机主要技术参数及要求（以核桃装载量为例）。

序号	参数名称	要　求
1	烘干室内部尺寸（长 × 宽 × 高）（m）	12.8 × 1.1 × 1.9
2	单层有效烘干面积（m²）	≥ 14
3	装料量（t）	5（按鲜品计）
4	烘干时间（h）	8~12（连续生产时每车平均烘干时间）
5	降水幅度	65%（可从 80% 降低至 15%）
6	热源	燃煤热风炉约 836 800kJ/h，平均耗煤量约 35kg/h（标煤）
7	风机	风量 ≥ 15 000m³/h，耐温 ≥ 120℃

注：以上参数仅供参考。

（3）主体自建设计要求。主要指基础墙体厚度、烘干室内尺寸的设计。若烘干主体采用自建方式，必须由有资质的施工设计单位结合当地气象水文地质资料等条件进行设计、施工。

具体要求：

① 由有资质的设计单位设计，也可根据制造该种隧道式烘干机的专业厂家所提供的方案图纸进行建设。

② 应由有经验、正规的施工队伍建造。

③ 在施工中应进行监督、管理、抽查。

④ 关键部位如室内结构尺寸应严格按照图纸要求施工。

⑤ 烟气排放应符合使用区域环保要求。

⑥ 严格按照工程验收项目要求验收。

（4）关键部件做法及验收参考要求。

① 主体要求：

● 砖砌土建形式。

● 烘干室内部：尺寸按图建造、按指标验收，不小于 $12.8m \times 1.1m \times 1.9m$，在满足烘干室总烘干面积的情况下，可适当调整尺寸。烘干室长宽根据场地调整，不可过多地缩短隧道窑的长度。

● 密封与防水：屋面板需进行密封与防水处理，地面平整、四周无缝隙，密封性好，不得漏风、漏雨；注意管道保温、密封。

● 墙体：厚度370mm、保温性能好。若采用保温彩钢板拼装结构，保温彩钢板芯材聚氨酯（$40kg/m^3$）厚度大于50mm，阻燃B2级。

② 其他要求：

● 要注意设计适度的坡度，以方便推车进出。

● 应在隧道式烘干机生产企业指导下建设，以保证质量及性能。

● 除烘干室主体外，其他如热风炉、通风机、通风管、保温门、盛料车、控制器等一定要选购正规专业厂家制造的设备。

（5）设备的采购及验收要求。

① 保温门：

● 验收标准：密封良好，表面平整，外形规整，不得漏风。

● 保温材料要求：芯材聚氨酯（40kg/m³）厚度大于50mm，阻燃B2级，密封性好，不得漏风。或使用同样保温效果的其他保温材料。

② 料车：

● 制作及验收要求：不宜喷漆。

● 验收标准：与烘干室尺寸匹配，平整、易推、焊缝牢固、焊点光滑（不扎手）。烘干室侧墙与料车间隙及料车间间隙应小于20mm，焊缝牢固、焊点光滑。

③ 料盘：

● 材料：以竹编盘或不锈钢为佳。

● 验收标准：料盘尺寸应与料车匹配，要求表面光滑，符合食品卫生标准；可根据市场采购情况调整料车与料盘尺寸。

（6）电气控制系统。

● 验收标准：具有自动控温、排湿功能。

● 选购烘干设备制造企业生产的专业电气控制系统。

（7）热风炉输出热量。

● 输出热量：不小于836 800kJ/h。

● 风机风量：两台，每台不小于9 000m³/h。

（8）5吨/批燃煤双侧进风隧道式烘干机主要参考验收指标。

序号	验收项目	验收要求
1	室体内部尺寸（长×宽×高）（m）	12.8×1.1×1.9，在满足烘干室总烘干面积的情况下，可适当调整尺寸
2	热风炉输出热量（kJ/h）	836 800（标牌显示）
3	墙体和保温门	砖混结构，墙体厚度≥370mm，保温彩钢板芯材聚氨酯（40kg/m³）厚度大于50mm厚度为宜，阻燃B2级
4	风机	两台，每台风量≥9 000m³/h
5	自控系统	自动控制升温、降温、排湿等操作

（续表）

序号	验收项目	验收要求
6	料车、料盘	与烘干室匹配，表面光滑，符合食品标准

注：采用烘干隧道主体自建时，为保证烘干效果，热风炉、主风机、保温门、料车、料盘和电气控制系统应向专业厂家采购。

3. 10吨/批燃煤单侧进风隧道式烘干机结构原理

烘干原理：单侧进风隧道式烘干机与双侧进风不同的是料车虽然也从隧道一端推入，从另一端出料，但热风则是从烘干隧道窑的出料端进入并通过物料车上的物料层后从物料的进入端排出。与物料的行走方向相反形成逆流通风，热风与果蔬物料在此过程实现热质交换对物料进行烘干。

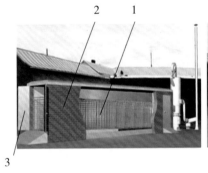
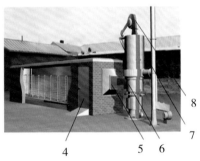

1. 料车 2. 烘干窑体 3. 进车保温门 4. 出车保温门 5. 热风管道
6. 热风炉 7. 烟囱 8. 风机（另配有温控设备）

（1）优点。

① 单向送风，也采用恒温式烘干工艺，烘干室体结构简单，无需设置通风管路，加热通风系统散热面积小，且投资比双侧通风低。

② 烘干室主体可自建。

（2）缺点。烘干强度和均匀性均略低于双侧进风方式。

（3）10吨/批隧道式烘干机主要技术参数及要求（以香菇为例）。

序号	参数名称	要 求
1	烘干室内部尺寸（长 × 宽 × 高）（m）	16.6 × 2.2 × 2.1
2	单层干燥面积（m²）	≥ 36
3	装料量（t/d）	8~10（按鲜品计）
4	烘干设定温度	50~60℃，具体温度需根据物料品种及成熟期适当调整，一般不超过 70℃
5	降水幅度	65%（可从 80% 降低至 15%）
6	热源	燃煤热风炉约 1 670 000kJ/h，平均耗煤量约 60kg/h（标煤）
7	风机风量	风量 ≥ 18 000m³/h

注：以上参数仅供参考。

（4）10吨/批隧道式烘干机验收主要参考指标。

序号	验收项目	验收要求
1	室体内部尺寸（长 × 宽 × 高）（m）	16.6 × 2.2 × 2.1，在满足烘干室总干燥面积的情况下，可适当调整尺寸
2	热风炉输出热量（kJ/h）	1 670 000
3	墙体和保温门	砖混结构，墙体厚度 ≥ 370mm，保温彩钢板芯材聚氨酯（40kg/m³）厚度大于 50mm，阻燃 B2 级
4	风机	≥ 18 000m³/h
5	自控系统	自动控制升温、降温、排湿等操作
6	料车、料盘	与室体匹配，表面光滑，符合食品标准

注：① 为保证烘干效果，热风炉、主风机、保温门、料车、料盘和电气控制系统应向有关专业厂家采购。

② 其他验收要求类同于 5 吨烘干窑。

　　另外，这种隧道式烘干机也可购买专业厂家制造的成套设备。

盛料车

隧道式烘干室

第四章

果蔬烘干设施加热设备选用与环保

一、果蔬热风烘干加热设备的选用

热风烘干设施都需要配有空气加热装置，加热装置（如热风炉）可以使用煤、压块农作物秸秆、电、燃油及太阳能等作为燃料或热源。由于果蔬为食用品，因此，果蔬烘干不允许直接使用燃烧煤、油、秸秆等产生的高温烟气进行烘干，需要通过换热装置来加热干净的空气，然后再用被加热的热空气（即热风）烘干果蔬产品，故也称为间接加热。

1. 燃煤热风炉除尘器

由于使用方便性和设备价格及烘干成本等原因，目前小型果蔬烘干设施多采用小型燃煤间接加热热风炉作为热风的加热设备，虽然其烟气排放有一定污染，但由于其燃烧量较小，且多分散于乡村，并具有季节性等特点，对环境污染较轻。

另外，对于中型热风炉也可采用一些专业厂家生产的小型除尘装置。

冲激式水浴除尘器

但对于环保要求高的地区（如城市郊区），在使用小型烘干设备时则可选用电加热或者热泵加热的烘干设施。

使用大型烘干设备或小型多台并联的烘干设备时，为提高生产效率，降低生产成本，也可以选用带机械加煤和除尘系统的蒸汽锅炉，通过换热器来加热空气的方式进行烘干，由于采用机械加煤的锅炉给煤均匀，燃烧稳定，燃尽率高，配有除尘装置，污染轻。有的还配有布袋除尘器和脱硫装置，进一步减轻污染排放以达到规定的排放要求。在有条件的地方也可以使用污染排放比较轻的燃油来作为烘干的热源。

2. 机械加煤蒸汽锅炉和换热器

采用燃煤蒸汽锅炉和换热器来加热空气与烘干机配套进行农产品烘干，适合于大型烘干机或小型多台并联烘干机使用。

燃煤蒸汽锅炉

蒸汽换热器

蒸汽换热器

3.燃煤锅炉配套除尘与脱硫设备

二、果蔬热风烘干加热设备发展趋势

随着我国对排放污染的要求越来越高，目前大量采用的直接燃煤的中大型热风炉可能会逐步被淘汰。因此，今后生产规模比较大的果蔬烘干设备其加热采用的热源将会逐渐转变为污染轻或无污染的种类，如电、油、气等，特别是随着农村大型沼气系统和秸秆压块燃料的快速发展，这些污染轻、成本低、使用方便的新型清洁能源也将在果蔬烘干上得到广泛使用。

1.秸秆压块清洁燃料与燃烧器

这是一种属于燃烧排放污染轻的清洁能源。但在烘干加工直接入口的果蔬制品时，可以增加一个类似前面讲述的燃煤热风循环烘房那样的换热装置，以换取干净的热空气对果蔬进行烘干加工。

2. 沼气清洁燃料燃烧器

沼气是一种燃烧排放污染轻的清洁能源。在烘干加工直接入口的果蔬制品时，也可以增加一个类似前面讲述的燃煤热风循环式烘房那样的换热装置，以干净的热空气对果蔬进行烘干加工。

3. 热泵加热式烘干房

在经济条件和气候条件允许情况下，可优先选择热泵式烘干设备。

4. 太阳能加热式烘干房

对于西北等太阳能资源丰富地区可选用太阳能烘干设备。

第五章

果蔬烘干使用操作实例

由于热风循环式烘房相比于其他烘干方式，具有结构简单、操作方便、烘干批次处理大、可适应多种物料烘干、烘干成本较低等显著优点，不仅在我国大量使用，而且在国外也大量使用这种烘房。

为说明如何选择果蔬烘干参数和操作方法，下面就以使用量最大的热风循环式烘房为例进行介绍，电加热和热泵等热风循环烘房类同。

一、国内果蔬烘干常用热风循环烘房

国内果蔬烘干热风循环烘房设施

二、国外果蔬烘干常用热风循环烘房

韩国三开门式电加热热风循环烘干柜　　美国采用燃油加热热风烘房烘干西洋参

三、热风循环烘房烘干工艺

热风循环烘房烘干工艺，主要分为两个操作管理方面，一个是烘干过程中烘干温度的操作管理，另一个是烘干过程中的排湿操作管理。

1.烘干温度操作管理

热风循环烘房采用物料在一个热空间中较长时间受热而进行水分蒸发，由于物料开始烘干时比较鲜嫩，不宜一开始就采用较高温度烘干，可采用逐步升温的烘干工艺，以保证物料的烘干品质。如果采用燃煤热风炉，可通过控制仪控制助燃风机来控制燃烧过程，但仅仅依靠控制助燃风机是不够的，还仍需要人工随时观察和控制炉火燃烧情况，以满足烘干温度的要求。

2.排湿操作管理

物料在烘干的初期，有一个逐步升温过程，当达到一定温度时才会大量蒸发水分，因此，在物料升温阶段不用排湿。等物料温度上升到一定程度后就会进入表面水分大量蒸发阶段，这就需要进行连续排湿，以避免高温、高湿影响物料的色泽和品质。

当物料表面水分大量蒸发过后，就进入内部水分向外部水分逐步转移阶段，为了不使物料因烘干过快而使其表皮硬化，影响烘干的质量和烘干效率，宜采用间隔排湿方式。这样不仅有利于保持烘干室内的温度和节能，同时也利于物料内部水分向外部转移。

另外，也可通过观察窗来直接观察物料的烘干情况，当观察到湿气比较重时就应该及时排湿，当感觉湿气和烘房温度明显下降时，就应该停止排湿，如此反复观察、排湿，直至达到烘干的目的。

3. 排湿机构的类型

热风循环烘房常见的排湿机构有以下几种：

一是完全靠人工操作的进排风装置，这种装置靠自然通风排湿，进、排气口比较大。在排湿阶段，由于进、排风量比较大，室内温度下降快，需要间隔通风排湿。通常在烘干的排湿阶段，需要进行 10 次左右的人工排湿。在烘干过程中，要随时观察物料的烘干情况，并根据物料烘干情况和湿气高低确定是否继续烘干和增加排湿的次数。

二是由设置在烘房补风处和排风处的活动式百叶窗即"自垂式百叶窗排气装置"来实现烘干的进排气。进风的百叶窗向里活动，排湿的百叶窗向外活动。当空气吹入烘房时因为风的压力而吹动排湿百叶窗向外来排湿。这种装置属于弱排湿装置，因此，可以采用随烘随排的烘干工艺。

三是设置进排风通风机进行排湿的方式，这种方式排湿能力较大。在烘干排湿前期由于水分蒸发量大，宜采用全排湿方式烘干；在烘干的中后期为保持烘干室内的温度和给物料提供内部水分向外部转移的时间，宜采用间隔排湿方式进行烘干。

另外，随着技术的不断进步，目前排风口已经大量采用可变角度的进排风百叶窗，这种进排风机构可根据要求自动控制开闭角度来控制通风量。

4. 温湿度控制仪

目前除部分人工操作的烘房外，大部分热风循环烘房都可配置温湿度控制仪来自动控制烘干的温度和排湿操作。温湿度均可按照阶梯式递增和递减来设置和控制。大部分生产厂家根据其推广使用经验已经给出了控制仪使用设置方法，可供使用时参考。

同时，为了便于初次操作使用和防止过度烘干，排湿的湿度设置也可以采用目标湿度控制方式，即大部分果蔬物料都可以设定湿度在40%以上进行排湿。但由于设定40%以上排湿基本上就会一直排湿，为保持烘干室内温度和节能，则可设定为间隔排湿。这样既能保证及时排湿，又便于物料内部水分向外部转移。但需要在烘干过程中随时观察物料的烘干情况和烘房室内空气湿度，并根据烘干情况和室内空气湿度来控制烘干的延续时间和排湿操作。

四、热风循环烘房烘干果蔬实例

（一）辣椒烘干应用实例

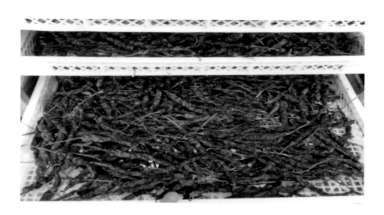

1. 辣椒干制现状

辣椒目前仍常采用日晒法直接晒干。由于方法简便、成本低，技术和管理不复杂，在农村使用普遍。但受地区和气候的影响很大，极易产生霉变腐烂，且自然晾晒的辣椒营养成分损失较多、外观品质不好、质量低下、不够卫生、劳动强度较大。

2. 辣椒烘干的基本特性与优点

（1）辣椒烘干的特点。

① 鲜椒单果重。单果重较大的辣椒烘干时间较长，而单果重较轻的辣椒则容易烘干，其烘干时间也相对较短。

② 形状。外观短粗肉厚者较难烘干，反之就较容易烘干。

③ 表皮蜡质层及肉质厚度。不同辣椒的蜡质层和表皮层厚度有差别。蜡质层和表皮层越厚，越难以烘干。在烘干果皮特别厚的品种时，建议将辣椒切开或者切断后再烘干，可加工成分切辣椒。

（2）辣椒烘干的优点。我国辣椒产量非常大，在南方雨多潮湿地区，仅通过晾晒不仅受气候影响，而且质量和色泽都很差。而通过机械烘干的辣椒不仅可以大量减少损失，而且烘干的色泽红亮、品质好。

3. 辣椒烘干工艺

利用热风烘房烘干辣椒的工艺流程如下（以陕西省宝鸡市一带线椒为例）：

采收后新鲜辣椒→拣选→装盘→装车→烘干→干品分拣分级包装→贮存。

（1）原料。根据烘房的生产能力，按计划采收、按期加工，以免一次采收过多，加工不及时造成腐烂变质。

（2）拣选。拣选出有断裂、霉斑、损伤或虫蛀的辣椒，以及未红的绿色辣椒，并清除杂质。

（3）装料。将拣选后的辣椒平铺至烘盘上，装料量每平方米约8.5kg，装料厚度约为5cm。

（4）烘干。每批次烘干辣椒原料应尽量做到同一品种、同批次采摘，不同品种、不同批次采摘的辣椒应尽量分批或分房烘干。

（5） 辣椒烘干工艺及控制仪温湿度设定。

烘干分段	干球温度设定（℃）	湿度控制设定	感观表象	参考烘干时间（h）	备注
升温阶段	烘房室温至46	升温阶段不排湿		0.5~1	
烘干第一阶段	46	排湿量大，全力排湿	表皮失水发软	3	当大量排湿阶段过后，为保温节能和利于物料内部水分向外部转移，可设定烘房内空气湿度40%以上间隔排湿，即可按湿度40%设定相应的干球温度下的湿球温度
烘干第二阶段	52	湿度大于40%以上间隔排湿		4	
烘干第三阶段	58	湿度大于40%以上间隔排湿	表皮变薄开始皱缩	7	
烘干第四阶段	63	湿度大于40%以上间隔排湿		6	
烘干第五阶段	65	湿度大于40%以上间隔排湿	内外全干	6	

注：① 以上为简便式烘干工艺，仅供参考。不同的烘干设施，其排湿间隔的方法也不尽相同，具体可根据厂家提供的设备说明书操作。也可通过观察烘干情况和烘房内空气湿度情况来手动控制间隔排湿和确定烘干的延续时间。

② 也可按选用的控制仪采用设定烘房内湿度递减方式间隔排湿，具体设定方法可参看温湿度控制仪说明书或向提供设备的厂家咨询。

③ 在取得一定的操作经验后，也可根据烘干设施和物料品种设定更加优化的操作工艺和参数。

（6）注意事项。

① 当物料不足以装满烘房时，应尽可能地保证平层装满，以避免热风走短路。

② 为了保温节能，设定湿度大于40%以上间隔排湿，即按40%湿度设定控制器相应干球温度下的湿球温度。烘干工艺的设定方法可参看控制器说明书。

③ 在没有操作经验的情况下，可通过观察窗随时观察物料的烘干情况，来确定排湿操作，特别是烘干后期更要随时观察，以避免烘干不足或过度烘干。

④ 在烘干过程中，如发现上下左右烘干程度差别比较大时则需要进行倒盘。

⑤ 由于不同品种其烘干特性也有差异，具体烘干操作工艺也可向提供设备的厂家咨询。

⑥ 烘干后物料应尽快在干燥处进行摊晾冷却。

⑦ 辣椒烘干加工分级、包装标准要求，可参见有关国家标准《GB 10465—1989》。（注：如果有新的标准，应按最新标准执行。全书同）

（二）香菇烘干应用实例

1. 香菇干制现状

由于日晒方法简便、成本低、技术和管理不复杂，干制香菇在农村目前仍有采用日晒法的。

但由于受气候的影响很大，极易产生霉变腐烂，且自然晾晒的香菇营养成分损失较多、外观品质不好、质量低下、不够卫生、劳动强度较大。

2.利用热风循环烘房烘干香菇的工艺流程

采收后新鲜香菇→拣选→装盘→装车→烘干→干品分拣分级包装→贮存

（1）原料。按商品要求分为不剪柄、菇柄剪半、菇柄全剪。

（2）拣选。拣选出有断裂、霉斑或损伤的香菇以及其他杂质。

（3）烘干。将拣选后的香菇平铺至烘盘上，每盘（约0.3m²）装料量2~3kg。每批次烘干香菇原料应尽量做到同批次采摘，不同批次采摘的香菇应尽量分批或分房烘干。

同时尽可能地将大小一致的香菇放在同一批次烘干，以提高烘干的一致性。

（4）香菇烘干工艺及控制仪温湿度设定。

烘干分段	干球温度设定（℃）	湿度控制设定	感观表象	参考烘干时间（h）	备注
升温阶段	烘房室温至40	升温阶段不排湿		0.5~1	
烘干第一阶段	40	排湿量大，全力排湿	失水发软	2	

（续表）

烘干分段	干球温度设定（℃）	湿度控制设定	感观表象	参考烘干时间（h）	备注
烘干第二阶段	45	湿度大于40%以上间隔排湿	菌盖开始收缩	3	当大量排湿阶段过后，为保温节能和利于物料内部水分向外部转移，可设定烘房内空气湿度40%以上间隔排湿，即可按湿度40%设定相应的干球温度下的湿球温度
烘干第三阶段	50	湿度大于40%以上间隔排湿	菌盖皱缩变色，菌褶变色	5	
烘干第四阶段	55	湿度大于40%以上间隔排湿		3~4	
烘干第五阶段	60	湿度大于40%以上间隔排湿	菌盖、菌褶定色	1~2	
烘干第六阶段	65	湿度大于40%以上间隔排湿	烘干定形	1	

注：① 以上为简便式烘干工艺，仅供参考。不同的烘干设施，其排湿间隔的方法也不尽相同，具体可参看厂家提供的设备说明书操作。也可通过观察烘干情况和烘房内空气湿度情况来手动控制间隔排湿和确定烘干的延续时间。

② 也可按选用的控制仪采用设定烘房内湿度递减方式间隔排湿，具体设定方法可参看温湿度控制仪说明书或向提供设备的厂家咨询。

③ 在取得一定操作经验后，也可根据自己的烘干设施和物料品种设定更加优化的操作工艺和参数。

3. 注意事项

（1）当物料不足以装满烘房时，应尽可能地保证平层装满，以避免热风走短路。

（2）为了保温节能，设定湿度大于40%以上间隔排湿，即按40%湿度设定控制器相应干球温度下的湿球温度。烘干工艺的设定方法可参看控制器说明书。

（3）在没有操作经验的情况下，可通过观察窗随时观察物料的烘干情况，来确定排湿操作，特别是烘干后期更要随时观察，以避免烘干不足或过度烘干。

（4）在烘干过程中，如发现上下左右烘干程度差别比较大时则需要进行倒盘。

（5）由于不同品种其烘干特性也有差异，具体烘干操作工艺也可向提供设备的厂家咨询。

（6）烘干后物料应尽快在干燥处进行摊晾冷却。

（7）香菇烘干加工分级、包装标准要求，可参见国家有关行业标准《NY/T 1061—2006》。

（三）枸杞烘干应用实例

1. 枸杞干制现状

由于日晒方法简便、成本低，技术和管理不复杂，枸杞在农村目前也仍有采用日晒加工的。

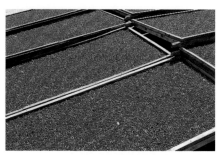

但由于受气候的影响很大，枸杞极易产生霉变腐烂，且自然晾晒的枸杞子营养成分损失较多、外观品质不好、质量低下、不够卫生、劳动强度较大。

2. 枸杞子烘干工艺

采收后新鲜枸杞→拣选→预处理→装盘→装车→烘干→干品分拣分级包装→贮存。

（1）原料拣选。拣选出有明显破裂、不成熟的枸杞鲜果和其他杂物等，以保证枸杞烘干后的成品质量。每批待烘枸杞尽可能选择同批采摘的鲜果。

（2）预处理。成熟的枸杞鲜果表面会覆盖有一层蜡质，在烘干时会阻碍果实水分向外蒸发，延长烘干时间。故在烘干前可用低浓度的食用纯碱水（食用纯碱浓度不超过2%）或小苏打水（小苏打浓度不超过4%）进行预处理。

具体可选择洁净的桶或盆等容器，将枸杞放入低浓度食用纯碱水中浸泡15~20s后取出，再静置10~15min后装盘烘干。

特别需要指出的是，绝对不允许使用工业用碱等不适合食品使用的材料来对枸杞进行预处理。

（3）装料。将经过预处理的枸杞平铺在烘盘上，装料量每平方米约为6kg，装料厚度以看不见烘盘底部为宜。

（4）枸杞烘干工艺及控制仪温湿度设定参考表。

烘干分段	干球温度设定（℃）	湿度控制设定	感观表象	参考烘干时间（h）	备 注
升温阶段	烘房室温至47	升温阶段不排湿		0.5~1	当大量排湿阶段过后，为保温节能和利于物料内部水分向外部转移，可设定烘房内空气湿度40%以上间隔排湿，即可按湿度40%设定相应的干球温度下的湿球温度
烘干第一阶段	47	排湿量大，全力排湿	表皮失水发亮发软	4	
烘干第二阶段	58	湿度大于40%以上间隔排湿	表皮皱缩	10	
烘干第三阶段	62	湿度大于40%以上间隔排湿	内外全干	8~10	

注：① 以上为简便式烘干工艺，仅供参考。不同的烘干设施，其排湿间隔的方法也不尽相同，具体可根据厂家提供的设备说明书操作。也可通过观察烘干情况和烘房内空气湿度情况来手动控制间隔排湿和确定烘干的延续时间。

② 也可按选用的控制仪采用设定烘房内湿度递减方式间隔排湿，具体设定方法可参看温湿度控制仪说明书或向提供设备的厂家咨询。

③ 在取得一定操作经验后，也可根据烘干设施和物料品种设定更加优化的操作工艺和参数。

3. 注意事项

（1）当物料不足以装满烘房时，应尽可能地保证平层装满，以避免热风走短路。

（2）为了保温节能，设定湿度大于40%以上间隔排湿，即按40%湿度设定控制器相应干球温度下的湿球温度。烘干工艺的设定方法可参看控制器说明书。

（3）在没有操作经验的情况下，可通过观察窗随时观察物料的烘干情况，来确定排湿操作，特别是烘干后期更要随时观察，以避免烘干不足或过度烘干。

（4）在烘干过程中，如发现上下左右烘干程度差别比较大时则需要进行倒盘。

（5）由于不同品种其烘干特性也有差异，具体烘干操作工艺也可向提供设备的厂家咨询。

（6）烘干后物料应尽快在干燥处进行摊晾冷却。

（7）枸杞烘干加工分级、包装标准要求，可参见有关国家标准《GB/T 18672—2002》。

（四）红枣手工操作烘干应用实例

1. 红枣干制现状

由于日晒法直接晒干红枣的方法简便、成本低，技术和管理不复杂，目前在一些农村仍在使用；但受气候的影响很大，极易产生霉变腐烂，而且自然晾晒的红枣营养成分损失较多、外观品质不好、质量低下、不够卫生、劳动强度较大。

2. 红枣烘干的基本特性与优点

（1）红枣烘干的特点。

● 单果较重、果肉较厚。

● 成熟度不够一致。

● 含糖量高。因红枣含糖量高，一般为40%左右。烘制温度愈高，

传统日晒法

枣果色泽会愈深。当红枣烘制温度超过75℃时，成品枣果皮会呈暗红色，果肉呈褐色，食之甚至有焦糊味，品质急剧下降。

● 富含挥发性芳香物质。

（2）红枣烘干的优点 。

● 采用烘干技术烘制的红枣，较之自然晾晒，可大量减少损失。

● 可有效降低红枣的浆枣率，提高成品商品等级和重量百分率。

● 缩短成品上市时间以及省工省时，降低成本，确保丰产丰收。

● 能促进糖的转化，烘干的红枣口感好。

3. 红枣烘干工艺

红枣鲜枣烘干工艺流程：

原料→风选除杂→人工挑选→机械分级→清洗→装盘→ 装车→
热风烘干→出车→晾凉→成品包装→贮存

4. 红枣手工操作烘干方法（同样以常用热风循环烘房为例）

在实际烘干加工中，我们也会经常碰到没有配置自动控温排湿控制器的烘干房或配置的控制器出现故障的情况，这就要采用人工手动控制温度和进行排湿。现以红枣烘干为例介绍其操作方法。

（1）原料准备。待绝大部分红枣完全成熟、颜色变红后采收。经过分拣后装入烘车内推入烘房进行烘干，红枣装载要均匀，不能太厚。

（2）烘干预热阶段。预热目的是使枣由皮部至果肉逐渐受热，提高枣体温度，为大量蒸发水分做好准备。因品种的差异，一般需4~5h 才能逐渐完成预热。在这段时间内，烘干室温度应逐渐上升至50~55℃。而红枣的枣体温度在35~40℃，以手握之，微感烫手。

（3）烘干蒸发阶段。大枣中的游离水大量蒸发。为加速烘干作用，宜加大火力，在 8~12h 内，使烘房的温度升至 60~65℃（烘房内的温度均指烘房中央温度而言）。

当温度达到 60℃以上，通过打开排湿口或在确保人身安全情况下也可进入室内观察，感觉到湿气扑面而来，就应该打开排湿口进行排湿并适当补充新鲜空气；当在排湿口或进入烘干室内明显感觉湿气下降后，就应该关闭排湿口，以利于保持室内温度和节能。并如此反复观察，重复排湿，即可达到烘干的目的。一般应进行 8~10次通风排湿。

（4）烘干完成阶段。目的是使枣体内水分含量均匀一致，一般需要 4~6h 即可达到目的。即经过水分蒸发阶段后，枣果可被蒸发的水分逐渐减少，蒸发速度变缓，此时火力不宜过大，保持烘房内温度不低于 50℃ 即可。在此阶段红枣水分已经大大降低，但为了达到烘干终了水分要求，仍应间隔进行通风排湿和适当补充新鲜空气。并随时观察红枣的烘干情况，直至达到烘干要求。成品的控制可以通过人工手感来判断。

待取得经验后就可自行总结出一套适合于自己烘干设施和品种的操作方法。

5. 注意事项

（1）当物料不足以装满烘房时，应尽可能地保证平层装满，以避免热风走短路。

（2）由于红枣与其他物料不同，不能烘得过干，因此需要控制烘干的温度和湿度，特别是后期要掌握好火候，使红枣保持一定的水分。故其排湿操作的控制也比一般物料要高一些。

（3）在烘干过程中，如发现上下左右烘干程度差别比较大时则需要进行倒盘。

（4）由于不同红枣品种其烘干特性有差异，故具体烘干操作工艺也可向提供设备的厂家咨询。

（5）烘干后物料应尽快在干燥处进行摊晾冷却。

（6）红枣烘干加工标准要求，可参见有关国家标准《GB/T 5835—2009》。

五、果蔬烘干生产成本计算（含收购果蔬原料成本）

● 在果蔬烘干加工中，可通过下式计算烘干除水量：

每批烘干除水量（kg）= 物料鲜重（kg）- 物料烘干后重（kg）

● 每批烘干加工作业成本可通过下式计算：

每批烘干作业成本（元）= 每批鲜物料购买价格（元）+ 动力费用（元）+ 热能费用（元）+ 人工费用（元）

● 每批烘干加工销售毛利可通过下式计算：

每批烘干加工毛利（元）= 每批烘干物料销售价格（元）– 每批烘干作业成本（元）

● 单位作业成本可通过以下公式计算：

单位作业成本（元/kg）= 每批烘干作业成本（元）/ 每批物料烘干后重（kg）

● 单位烘干加工毛利可通过下式计算：

单位烘干加工毛利（元/kg）= 销售价格（元/kg）– 单位作业成本（元/kg）

六、小 结

（一）烘干设施、设备选用和建造及使用注意事项

（1）由于果蔬烘干加工原料价值比较高，烘干设施应尽可能地选用正规工厂制造的整装产品，以提高烘干加工品的质量和降低烘干的成本。

（2）对于因经济条件所限，采用自制烘房主体的用户，其烘干设施关键部件，如热风炉、鼓风机、盛料车、烘干室密封门、进排风机构和程序控制器等一定要选择由正规厂家制作的产品。如这些关键部件达不到要求，将直接影响烘干设施的使用性能和烘干的质量与成本。另外，烘房主体的建设一定要在提供上述设备的厂家指导下进行。

（3）还要按照要求做好烘干设施的防火、防雷电、防触电等保护措施。

（二）烘干设施及工艺参数的选用

（1）果蔬烘干设施的选用，主要应根据不同的品种，不同的气候条件，不同加工品市场档次要求和使用环保标准，以及自身的经济条件或有关项目的要求，综合考虑选用适宜的果蔬烘干设施。

（2）对于成批式烘房而言，烘干温度的上限安全温度为 65℃，在没有烘干经验的情况下，烘干室内温度的上限不可超过 65℃。

（3）在烘干过程要特别注意烘房的排湿，既要及时排湿又不能太勤。在高温高湿情况下不及时排湿，不仅会影响烘干的效果而且还会影响物料的品质，排湿太勤不仅会降低烘干室内温度而且还会影响烘干时间与增加烘干的成本，因此通常采用间隔排湿工艺。

在排湿操作上，当大量排湿阶段过后可以采用间隔排湿工艺，一般干品水分要求比较高一些的物料，排湿湿度控制可以选择高一些，如设定在相对温度40%以上就可以随时排湿；而对于干品水分要求比较低的物料，排湿湿度控制可以选择低一些（如35%相对温度），以避免物料与热风湿度接近，而增加烘干的时间。

对于隧道式烘干机而言，由于属于间歇式连续作业，采用恒温烘干工艺，故可直接采用较高温度，但初次使用其烘干室内上限温度也不宜超过65℃。

（4）在烘干操作使用中，要特别注意物料烘干终了水分的控制，水分高则不符合有关产品标准或销售要求，会降低产品的等级和价格；水分太低则会减少产品的重量，造成不必要的经济损失。另外，可以在网上查询有关水分测定仪产品信息，选用使用方便、测定精度较高的水分测定仪。

最后，需要特别指出的是，不同的烘干设施或不同地域生产的同类农产品，其烘干操作工艺和参数的选择也均有差异，在参考本书的基础上，还需要烘干操作人员在实践中逐步摸索和不断总结经验，找到最适合特定物料烘干的工艺参数，以达到最佳的烘干效果。

具体烘干操作工艺参数，也可向当地农机部门或向提供设备的厂家咨询。

第六章

果蔬干制品小包装加工

一、发展小包装食品的意义

今后，果蔬烘干不仅要解决果蔬的烘干与贮藏问题，而且还应向精致包装和营销方向发展。特别是随着"互联网＋"和农业观光与乡村旅游的大力发展，果蔬烘干不应再是卖一些大包装的、初级原料性的加工品，而是要配合"互联网＋"和农业观光与乡村旅游，烘干加工一些具有特色的、便于游客直接购买和适合于网上销售的果蔬烘干制品。如开袋即食的干果、风味干制蔬菜等。这样，前与生产基地相接，后与营销相连，就可形成真正的一二三产融合，进一步提高农产品的价值和增加农民的收入，同时也有利于打造乡村品牌和区域品牌。

当然，制作小包装食品，一定要注意卫生，要符合有关标准。

二、小型食品包装机械

目前，我国小型食品包装机械已经十分成熟，根据包装设计可选择不同的包装机械。具体可根据生产规模和产品包装要求直接在食品加工机械市场选用。

小包装食品包装机

小型食品包装机械的使用也比较简单，具体使用操作可参看包装设备使用说明书。

小包装食品样品

三、小包装食品发展思路

（1）建议在以往果蔬等农产品烘干加工的大包装基础上，针对一些特色农产品干制加工品，开始由大包装或散装向精致小包装食品方向发展，改变原料加工的层次，进一步提升农产品的价值和促进农民增收。

（2）配合观光农业和乡村旅游，提供具有当地特色的、可直接食用或便于携带的果蔬、干果和药食同源的小包装食品等。

（3）由于烘干加工的特色农产品，具有耐贮藏、保质期长的优点，在提供乡村旅游购买的同时，利用"互联网＋"，通过互联网和快递实现直销，并逐步形成具有自身特色的品牌。

第七章

粮食产后烘干技术与烘储设施

一、发展粮食烘干的重要意义

中国是一个粮食生产大国，同时也是一个储粮大国。粮食年产量和常年储存量均居世界首位。其中，我国农户储粮为 2.5 亿~3 亿吨，约占当年全国粮食总产量的 50%。到 2016 年年底全国有 2.3 亿农户，其中种粮和存粮的农户约占 85%。

1. 减损需求

由于农户烘干能力不足、储存条件简陋、技术指导服务缺乏等原因，每年因虫霉鼠雀等造成的损失率为 7%~11%。据测算，每年粮食产后损失近 500 亿 kg，若遇气候异常的年份粮食损失更为严重。目前农业新型经营主体中最大的需求就是大幅增加烘储能力，烘储能力不足也是农业新型经营主体发展的瓶颈之一。

2. 质量安全

目前粮食生产已经发展到一个新的阶段，许多地区马路晒粮问题亟待解决。

由传统农业向现代农业转型，人们已经不仅重视数量的问题，而是数量、质量并重，特别是品质安全的问题也提到了更重要的程度。

3. 储藏需求

（1）过去粮食烘干设备发展比较慢，一是由于使用有局限性，二是投资较大，三是年使用时间短，不适合于普通农户使用。

（2）随着合作组织、粮食大户、家庭农场等新型经营主体的快速发展，粮食规模化生产已经达到了一定水平，粮食烘干和储藏有了新的需求。

（3）随着经营主体的变化，粮食生产规模化、集约化和机械化程度不断提高，产后烘干、储藏设施的缺乏已成为粮食产后处理的瓶颈问题。

（4）国家支农政策方面，为促进生产方式的转变和经营体制改革，在支持政策上也开始向大户、合作组织和家庭农场倾斜。

二、粮食烘干的基本原理

粮食烘干与果蔬烘干原理一样，大多都是通过热气流穿过含水率较高的物料层对物料进行加热烘干并带走蒸发出的水分。因此，也需要配置烘干机、通风机、热风炉、进出料装置和控制器等。但由于粮食水分比果蔬的水分低很多，比较容易烘干，故可采用连续式烘干方式，故多采用塔形立式烘干工艺。

塔式粮食烘干机的结构，一般从上到下分为顶部储粮段、中部烘干段、下部通风冷却段和底部出粮段。

塔式烘干机烘干段，按照气流与粮食的流动方向，有逆流式、顺流式、横流式和混流式四种。

由于粮食烘干机采用塔形立式烘干工艺，烘干机承载重量大，机械化程度高，不易自建，需采用选购方式配置。

三、可用于乡村使用的粮食烘储中心

（一）配钢板粮仓的日处理 60 吨玉米籽粒烘储中心

1. 玉米籽粒烘储设备配置

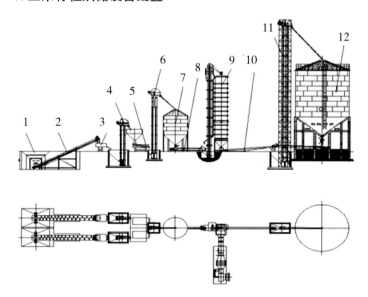

日处理 60 吨玉米籽粒烘储中心（配钢板粮仓）
立面、平面布置图

1. 卸粮坑；2. 输送带；3. 玉米果穗脱粒机；4. 提升机；
5. 籽粒清选机；6. 提升机；7. 烘前暂存仓；8. 输送带；
9. 籽粒烘干机；10. 输送带；11. 提升机；12. 钢板储存仓

2. 玉米籽粒烘储的工艺流程

卸粮坑──→ 输送带──→ 玉米果穗脱粒机──→ 提升机──→ 籽粒清选机──→
提升机──→ 烘前暂存仓──→ 输送带──→ 籽粒烘干机──→ 输送带──→ 提升机──→
钢板储存仓

3. 适用范围

该烘储中心，按玉米籽粒平均产量 0.6 吨 / 亩，种植面积 2 000
亩左右的种植大户、专业合作社和家庭农场设计。收获期作业时间
20~25 日（东北地区可适当延长），日连续烘干（一般按 20h 计），
烘干后约 50% 籽粒短期贮存（半年以内）。操作方式为电气控制、
连续作业。

该设施具有一定通用性，我国内蒙古、吉林、河南、河北、山
东等地玉米主产区均可使用，比较适用于较低水分的玉米使用（收
获时玉米籽粒含水率低于 25%）。除适合于种植大户、专业合作社和
农场使用，也可用于县、乡玉米收购站对玉米进行烘干和短期贮藏。

该设施除用于玉米烘储之外，也可用于小麦等颗粒状粮食作物
的烘干与储藏。

a. 振动清理除尘→籽粒皮带输送→待烘干　　　b. 进行烘干

c. 产品出料→输送→装车 　　　　　d. 粮食烘干在线检测

4. 日处理 60 吨玉米籽粒烘储中心（配钢板粮仓）主要技术参数

序号	参数名称	要　求
1	处理量（t/d）	60
2	覆盖种植面积（亩）	2 000
3	烘前仓容积（t）	60
4	连续式玉米烘干机规格	含提升机、燃油炉热源、电控柜、粮满警报、异常过热或故障及水分在线检测。 3t/h 型或 60t/d 型。 降水幅度：10%（24% 降至 14%）； 作业情况：连续烘干，收获期作业 20 日，每日 24h（含进出料辅助作业，烘干时间 20h 计）； 总处理量：1 200t 籽粒。
5	钢板仓规格	单仓仓容：≥ 872m^3； 仓容量：约 600t（玉米籽粒容重按 730kg/m^3 计）； 贮藏期：半年内短期贮藏； 含通风、粮情检测系统等。
6	带刮板皮带输送机规格	10m，20t/h
7	玉米脱粒机规格	20t/h

序号	参数名称	要 求
8	烘前仓、清选机上料提升机规格	10m 2 台、19m 1 台，10t/h
9	清理筛规格	30t/h
10	皮带输送机规格	10m，10t
11	烘后仓上料提升机规格	35m，10t/h

5. 日处理 60 吨玉米籽粒烘储中心基本验收要求

（1）烘干机符合国家标准《连续式粮食干燥机》（GB/T 16714—2007）的要求，按降水 10% 计算，处理量能达到 60 吨 / 天。

（2）钢板仓容量约 600 吨玉米籽粒，配置通风、粮情监测等装置，保证粮食安全储藏。钢板筒仓的设计应符合国家标准《粮食钢板筒仓设计规范》（GB 50322—2001），建设和使用应符合专业标准《装配式波纹钢板立筒仓》（UDC-ZB 91017—89）和机械行业相关标准。

（3）其他设备应符合国家相关标准。

（4）特别需要注意的是，由于粮食烘干机和钢板仓承载力大，高度较高，并有一定的震动，因此，建设一定要由专业施工队按图纸及要求施工。

（二）配房式粮仓的日处理 60 吨玉米籽粒烘储中心

该方案与日处理 60 吨玉米籽粒烘储中心（钢板仓）在烘储方面相同，其主要区别在于采用了简易房式仓进行贮藏。

简易房式仓具有建设成本低、贮存期长等特点，适合种粮大户和合作社建设使用。粮仓带有地笼通风装置，可进行通风作业。根据需要，

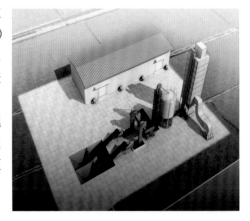

粮仓内可配备温湿度检测系统对粮情进行监测。本方案中简易房式仓储藏量为 600 吨玉米籽粒，也可根据用户实际需要进行设计调整。

农户也可以利用现有的储藏设施进行改造，进行玉米等粮食的储藏。

1. 玉米籽粒烘储设备配置

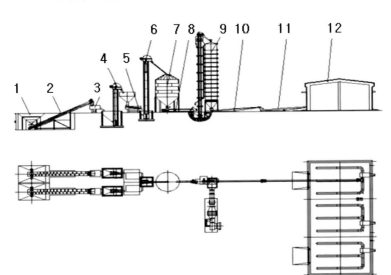

日处理 60 吨玉米籽粒烘储中心（配简易房式粮仓）　立面、平面布置图

1. 卸粮坑；2. 输送带；3. 玉米果穗脱粒机；4. 提升机；5. 籽粒清选机；
6. 提升机；7. 烘前暂存仓；8. 输送带；9. 籽粒烘干机；10. 输送带；
11. 提升机；12. 简易房式储存仓

2. 玉米籽粒烘储的工艺流程

卸粮坑→输送带→玉米果穗脱粒机→提升机→籽粒清选机→提升机→烘前暂存仓→输送带→籽粒烘干机→输送带→提升机→简易房式储存仓

3. 日处理 60 吨玉米籽粒烘储中心验收要求

（1）烘干机符合国家标准《连续式粮食烘干机》（GB/T 16714—

2007）的要求，按降水 10% 计算，处理量能达到 60 吨 / 天。

（2）简易房式仓仓容量应达到约 600 吨玉米籽粒，配置通风、粮情监测等装置，保证粮食中长期安全贮藏。简易房式仓工程质量应符合《建筑地基基础工程施工质量验收规范》（GB 5020—2002）、《建筑工程施工质量验收统一标准》（GB 50300—2002）、《砌体工程质量验收规范》（GB 50203—2002）和《混凝土工程施工质量验收规范》（GB 50204—2002）。

（3）其他设备应符合中华人民共和国相关标准。

（三）配钢板储粮仓的日处理 30 吨水稻烘储中心

稻谷烘干与玉米、小麦烘干有所不同。稻谷由于其米粒结构原因，在烘干时易出现裂纹（俗称爆腰），因此，烘干时不宜采用高温烘干，且一次降水幅度不能太大，宜采用循环流动式烘干工艺。故多采用小型物料循环式烘干机械，生产规模比较大时多采用多台并联或多台串联使用。

该类烘干设施适用区域较广，我国湖南、湖北、江西等省水稻主产区均可使用。

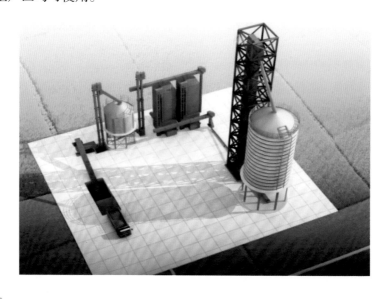

1. 稻谷烘储设备配置

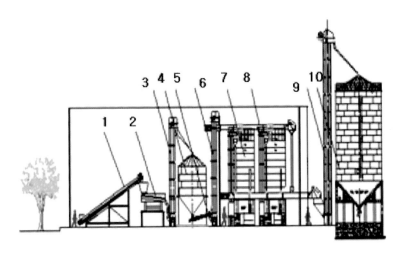

日处理 30 吨稻谷烘储中心（配钢板粮仓） 立面布置图

1.输送带；2.清选机；3.提升机；4.暂存仓；5.输送机；6.提升机；
7.烘干机（Ⅰ）；8.烘干机（Ⅱ）；9.提升机；10.钢板仓

2. 稻谷烘储的工艺流程

输送带→清选机→提升机→暂存仓→输送机→提升机→
烘干机（Ⅰ）→烘干机（Ⅱ）→提升机→钢板仓

3. 适用范围

该稻谷烘储中心采用两台循环式谷物烘干机并联批次烘干作业，并以燃油或稻壳为热源、精密控制水稻降水速度，经多次循环烘干实现烘干的目标，水稻处理量为 12 吨/批（按降水 10% 计）。配置的钢板仓适于粮食的短期储藏，具有连续进出料、节省人工、操作便利等特点。本方案中钢板仓储藏量约为 300 吨。

该设施适宜于水稻种植面积 1 000 亩（1 亩 ≈ 667m²）左右的种植大户、专业合作社和家庭农场等使用，也可用于县、乡水稻收购站，可对水稻进行短期储藏。

4. 配钢板储粮仓的日处理 30 吨稻谷烘储中心主要技术参数

序号	参数名称	要 求
1	处理量（t/d）	30
2	覆盖种植面积（亩）	1 000
3	烘前仓容积（t）	50
4	批次循环式水稻烘干机规格	含提升机、燃油炉热源、电控柜、粮满警报、异常过热或故障及水分在线检测。处理量：12t/批次（每小时降水速度0.5%~0.8%，每批作业时间14.5~22h），2台；降水幅度：10%（24%降至14%）；作业情况：批次循环烘干，单季收获期作业20d，日烘干1~1.5批，日平均处理量约为30t；总处理量：600t。
5	钢仓式贮粮仓规格	单仓仓容：≥550m³，配置1套；仓容量：约300t（水稻容重按560kg/m³计）；贮藏期：半年内短期贮藏。含通风、粮情检测系统等。
6	输送机1	14m，20t/h
7	清理筛	30t/h
8	提升机1	15m，20t/h
9	输送机2	3m 1台、10m 2台，20t/h
10	提升机3	20t/h
11	移动式皮带输送机	20t/h
12	提升机4	30t/h

5. 配钢板储粮仓的日处理 30 吨稻谷烘储中心验收基本要求

（1）烘干机应符合中华人民共和国机械行业标准《批式循环谷物干燥机》（JB/T 10268—2011）的要求，按降水 10% 计算，处理量应达到 30 吨 / 天。

（2）钢板仓仓容量约 300 吨稻谷，配置通风、粮情监测等装置，保证粮食安全储藏。钢板筒仓的设计应符合国家标准《粮食钢板筒仓设计规范》（GB 50322—2001），建设和使用应符合专业标准《装配式波纹钢板立筒仓》(UDC-ZB 91017—89)和机械行业相关标准。

（3）其他设备均应符合国家相关标准。

（四）配房式粮仓的日处理 30 吨稻谷烘储中心

1. 稻谷烘储设备配置

该方案与日处理 30 吨水稻烘储中心（钢板仓）在烘储方面相同，其主要区别在于采用了简易房式仓进行储藏。

简易房式仓具有建设成本低、储存期长等特点，适合种粮大户和合作社建设使用。粮仓带有地笼通风装置，可进行通风处理。根据需要，粮仓内可配备温湿度检测系统对粮情进行监测。本设计中简易房式仓储量为 300 吨稻谷，也可根据用户实际需要进行设计调整。

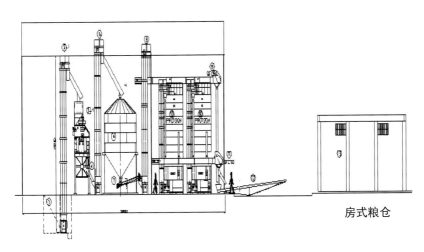

房式粮仓

日处理 30 吨稻谷烘储中心（配简易房式粮仓）立面布置图

2. 稻谷烘储的工艺流程

输送带⟶ 清选机⟶提升机⟶暂存仓⟶输送机⟶提升机⟶
烘干机⟶烘干机⟶提升机⟶房式粮仓

3. 配房式粮仓的日处理 30 吨稻谷烘储中心验收基本要求

（1）烘干机应符合中华人民共和国机械行业标准《批式循环谷物干燥机》（JB/T 10268—2011）的要求，按降水 10% 计算，处理量应达到 30 吨 / 天。

（2）简易房式仓仓容量应达到约 300 吨稻谷，配置通风、粮情监测等装置，保证粮食中长期安全贮藏。简易房式仓工程质量应符合《建筑地基基础工程施工质量验收规范》（GB 5020—2002）、《建筑工程施工质量验收统一标准》（GB 50300—2002）、《砌体工程质量验收规范》（GB 50203—2002）和《混凝土工程施工质量验收规范》（GB 50204—2002）。

（3）其他设备均应符合国家相关标准。

四、粮食烘干设施操作工艺与参数的选用

（1）在采用塔式连续式烘干设备烘干玉米、小麦时，可以采用较高的热风温度进行烘干，这样可以提高烘干效率和降低烘干成本。热风温度一般可提高至 75~80℃，甚至更高一些。塔式粮食烘干机属于连续式烘干作业，因此采用恒温全排湿烘干工艺。由于粮食烘干设备的结构与烘干工艺不同，其使用操作参数也有所不同，使用时可根据所选设备厂家提供的烘干工艺参数而定，具体可参考厂家烘干设备说明书使用。

（2）对稻谷烘干，由于其易于产生裂纹而降低出米率，因此，宜采用低温慢速连续式循环烘干工艺，热风温度不能太高，分次降水率也不能太高。热风温度一般应控制在 50℃左右，每个循环降水 0.5%~0.8%。因温度太高、降水太快会大幅增加稻谷的裂纹率。使用时可根据所选设备厂家提供的烘干工艺参数而定，具体可参考厂家烘干设备说明书使用。

五、小 结

（1）粮食烘储中心除储粮仓可以采用房仓式结构外，烘干塔与

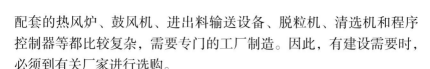
配套的热风炉、鼓风机、进出料输送设备、脱粒机、清选机和程序控制器等都比较复杂，需要专门的工厂制造。因此，有建设需要时，必须到有关厂家进行选购。

（2）如选钢板储粮仓，由于属于金属制造构件且承载量大，应选择正规专业厂家生产的成品。

（3）由于粮食烘干机和钢板仓（或房式储粮仓）都有较大的承载力，其地基一定要按照厂家要求建设，特别是粮食烘干机和粮食钢板仓安装要求比较高，一定要委托专业施工队伍进行施工安装。

（4）由于粮食烘干机和钢板仓比较高、载重量大，一定要保证安装的平行度和垂直度，以免运行中发生倾倒。

（5）对于运转部件一定要加装防护罩，以保证操作安全。

（6）按要求做好防雷电、防触电措施。

（7）粮食烘干和仓储设施，都是由专门厂家制造的，在建设和使用时，都应由厂家派人指导安装和进行使用示范。

（8）在烘干操作使用中，要特别注意粮食烘干终了水分的控制，水分高则不符合有关产品标准或销售要求，会降低产品的等级和价格；水分太低则会减少产品的重量，造成不必要的经济损失。现在由正规粮食烘干设备厂家制造的烘干设备通常都配有水分在线测定仪。若没有配备水分在线测定仪，也可在网上查询有关粮食水分测定仪产品信息，选用使用方便、测定精度较高的水分测定仪。